BEI GRIN MACHT SICH IHR WISSEN BEZAHLT

- Wir veröffentlichen Ihre Hausarbeit,
  Bachelor- und Masterarbeit

- Ihr eigenes eBook und Buch -
  weltweit in allen wichtigen Shops

- Verdienen Sie an jedem Verkauf

Jetzt bei www.GRIN.com hochladen
und kostenlos publizieren

Bibliografische Information der Deutschen Nationalbibliothek:

Die Deutsche Bibliothek verzeichnet diese Publikation in der Deutschen National-
bibliografie; detaillierte bibliografische Daten sind im Internet über http://dnb.d-
nb.de/ abrufbar.

Impressum:

Copyright © 2009 GRIN Verlag, Open Publishing GmbH
Druck und Bindung: Books on Demand GmbH, Norderstedt Germany
ISBN: 9783640676385

Dieses Buch bei GRIN:

http://www.grin.com/de/e-book/154400/die-insel-panarea

Manuela Müller

Die Insel Panarea

Vulkanologisch-geomorphologische und kulturlandschaftliche Entwicklung

GRIN Verlag

Inhaltsverzeichnis

1. Allgemeines zu Panarea

Panarea ist mit gerade einmal 3,4 km² die kleinste der sieben liparischen Insel. Sie liegt ca. 20 km nordöstlich von Lipari und gehört wie auch die anderen sechs Inseln (Alicudi, Filicudi, Lipari, Salina, Stromboli und Vulcano) der Provinz Messina an.

> „Panarea wird häufig auch als Archipel im Archipel bezeichnet, da sich östlicher der Insel die kleinen Vulkaninseln Basiluzzo, Spinazzola, Lisca Bianca, Lisca Nera, Datillo und Bottaro befinden. Diese sind oberflächlich zwar nicht miteinander verbunden, besitzen aber unter dem Meeresspiegel einen gemeinsamen Ursprung."[1]

Der höchste Gipfel Panareas ist der erloschene Vulkankrater. Er wird Punta del Corvo genannt (421 m) und fällt nach Osten in Terrassen ab.

Die Einwohnerzahl Panareas ist ganz abhängig von der Jahreszeit. Während normalerweise um die 300 Einwohner die Insel bewohnen, so zählt man im August bis zu 2000 Menschen zu den Einwohner Panareas, die man auch Panarioti nennt. Die Ortschaften Ditella, Drauto und San Pietro liegen auf der Ostseite der Insel. „Der Westen Panareas besteht aus unzugänglicher Steilküste, an der Süd- und Ostseite finden sich einige teils sehr schöne Strände."[2]

2. Vulkanologisch- geomorphologische Entwicklung

Die Morphologie Panareas ist sehr asymmetrisch. Während die östlichen und südlichen Teile flache Küstengebiete sind, steigen die Insel vom Meer her im Westen und Nordwesten sehr steil an. Diese Besonderheit lässt sich vulkanisch erklären. Man stellt sich also die Frage, wie die Insel entstanden ist? Was hat dies zur Folge? Ist der Vulkan heute noch aktiv? Diese und weitere Fragen werden im Folgenden erklärt.

2.1 Die Entstehung Panareas

> „Der vulkanische Ursprung der Äolischen Inseln geht auf komplizierte Subduktionen von Fragmenten der Ionischen unter die Tyrrhenische Platte zurück. In Verlängerung des dreistrahligen Archipels finden sich submarine Vulkane (*seamounts*) sowie im Norden der Vulkankomplex um Neapel bzw. im Süden der Ätna. Es herrschen Stratovulkane mit zumeist explosiver Magmenförderung vor."[3]

---

[1] http://www.italien-inseln.de/messina/panarea.html, 29.06.09
[2] http://www.michael-mueller-verlag.de/xtras/pdf/liparische_inseln_leseprobe_2.pdf, 29.06.09
[3] Geographische Rundschau, S. 20.

Die Insel Panarea stellt die älteste vulkanische Formation der äolischen Inseln dar.

„Wissenschaftler sind der Ansicht, das Eiland habe einmal mit all seinen östlich vorgelagerten Inselchen wie Dattila, Lisca Bianca und Basiluzzo eine Einheit gebildet, die ihre jetzige Form erst durch geologische Verschiebungen und eine Reihe von Eruptionen erhielt, die bis in die antike Zeit angedauert haben könnten."[4]

Vor rund 200.000 Jahren stieg viskose, kalk-alkalische Magma aus dem Erdinneren auf, wodurch sich Kuppeln ausbildeten.

„Panarea, [...] das öde Eiland Basiluzzo, die Klippen Datillo, Bottaro, Lisca Bianco und Lisca Nera, sowie die bei bewegter See vom Wasser überspülten Riffe Panarelli und Le Formiche sind die Reste eines ehemals zusammenhängenden komplexen Vulkanstocks, der eine ausgedehnte submarine Basis besitzt. bei einer Senkung des Meeresspiegels um 100m würden alle diese Eilande und Klippen eine einzige Insel bilden, die nahezu gleich groß wie die des heutigen Lipari wäre.[5]"

Die Entstehung Panareas wird in drei Phasen gegliedert: Paläo-Panarea, Zwischenstufe und Endstufe.

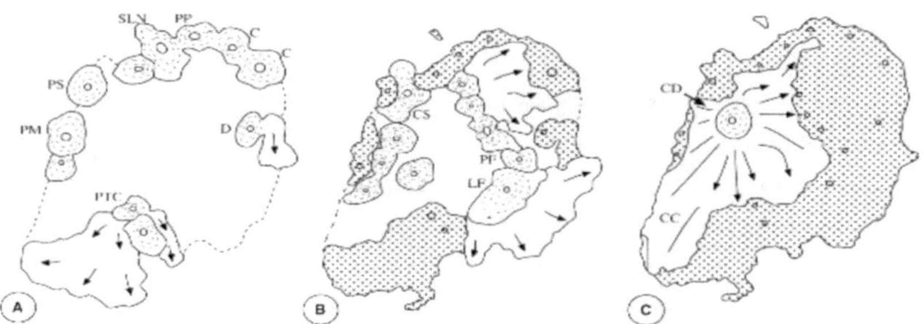

<u>Abb. 1:</u> Die Entstehung Panareas: Paläo- Panarea (a), Zwischenstufe (b) und Endstufe (c)

Zunächst entstanden in der ersten Phase die nördlichen Begrenzungen der Insel. Durch das Herausbilden kleiner kuppelförmiger, teils zusammenhängender Inseln entstand der nördliche Bogen, auf dem heute die Gebiete Dattilo, Lisca Bianca, Lisca Nera, Bottaro, Panarelli und Basiluzzo liegen.
Im südlichen Bereich der heutigen Insel kam es zur Explosion und der Emission von andesitischer Lava, gefolgt von der Extrusion dazitischer Lava aus zwei steilen Doms bzw. Dornen, dem der Punta

---

[4] http://www.michael-mueller-verlag.de/xtras/pdf/liparische_inseln_leseprobe_2.pdf, 29.06.09
[5] Hans Pichler, S. 85.

del Tribunale und des Castello. Noch heute sind sie ausgeprägte morphologische Merkmale der Insel und prägen den Umriss der Insel durch ihre markanten Formen.

Abb. 2: Punta del Tribunale (links),   Abb. 3: Kuppel-Coulee der Ditella

Castello (rechts)

„Das Kuppel Coulee der Ditella liegt im nordöstlichen Teil Panareas, welches durch pyroklastisches Trümmermaterial bedeckt wurde."[6] In Abbildung 3 erkennt man das Kuppel-Coulee der Ditella, das sich über den Hafen Panareas erhebt. Im Hintergrund zeigt sich man noch deutlich der Rest einer Kuppel der Dattilo, der mit seiner Spitze aus dem Meer hervorragt.

In der zweiten Phase der Entstehung Panareas, der so genannten Zwischenstufe, kam es zu weiteren vulkanischen Aktivitäten, die die Insel mehr und mehr gestaltet. Dabei kam es hauptsächlich zum Austreten von Lava aus dem Lavadom. Das Austreten der Lava zu dieser Zeit hatte die Folge, dass sich NW-SE orientierte Bergrücken bildeten, die sich südlich des zuvor gebildeten Bogens im Norden befinden. Sie erstrecken sich auf einer Länge von ca. 700-800 Metern von Castello di Salvamento, das sich im nordwestlichen Teil der Inseln befindet, bis nach Punta Falcone, das ca. 500 m nordwestlich von San Pietro liegt. Weitere Bergrücken bildeten sich durch das Austreten von Magma im SSW von Punta Muzza. „Die neuesten Produkte dieser zweiten Phase aus andesitischer Zusammensetzung wurden im Nordwesten sowie SSE-Teil der Insel gebildet. Letztes formte die spektakuläre Halbinsel Capo Milazzese, welches die Reste eines bronzezeitlichen Dorfes beherbergt."[7] Weiteres dazu im Laufe dieser Arbeit.

Während der letzten Phase, der sogenannten Endstufe, bildete sich ein großer Lavadom auf Cardosi (NW Teil der Insel). Die Bildung dieses Lavadoms schloss bereits hohe Ebenen ein. Heute befindet sich auf diesem ehemals aktiven Lavadom der höchste Punkt der Insel, die Punta del Corvo. Große Lavaströme flossen während dieser Endphase in alle Richtung, vor allem aber nach Süden und Südosten. „Das Wachstum des Doms wurden von explosiven Aktivitäten begleitet, das in dem Gebiet

---

[6] vgl. http://boris.vulcanoetna.it/PANAREA.html, 30.06.09
[7] vgl. http://boris.vulcanoetna.it/PANAREA.html, 30.06.09

um Punta Falcone und Punta del Corvo andesitische Schlacke und in Castello di Salvamento dazitischer Bimsstein ablagerte. Alle diese Orte befinden sich im zentralen Nordteil Panareas."[8]

Abb. 4: Punta del Corvo (421 m)

Abb. 5: Piano Milazzese

In Abbildung 4 erkennt man deutlichen den Gipfelbereich der Punta del Corvo, mit ihren 421 m. Die Böschung am Hang schneidet einen dicken Lavastrom, der ca. 1 km südlich die Costa del Capraio ausbildete. In Abbildung 5 zeigt sich die Ebene des Piano Milazzese, die von den Laven aus dem Paläo-Panarea Stadium entstanden ist.

Während dieser Phasen sind auch einige kleine Inseln vor der Ostküste Panareas entstanden. Wie bereits erwähnt entstand mit den ersten Erhebungen aus dem Meer auch die kleine Insel Datillo, die unter dem Meeresspiegel mit der Hauptinsel verbunden ist. „Dieser spektakuläre „Satellit" von Panarea liegt 103 m über dem Meeresspiegel und besteht aus stark fumarolisiertem verfestigtem Trümmergestein mit eckigen und kantigen Bruchstücken."[9] Er ist der Rest eines großen Lavadoms des Panarea Komplexes.

Abb. 6.: Datillo (103 m)

Abb. 7: Lisca Bianca (ca.30 m)

Neben Datillo ist auch die kleine Insel Lisca Bianca (Abb. 7) östlich von Panarea gelegen. Mit einer Höhe von gerade einmal 30m ist sie noch um einigen geringer als Datillo, dagegen aber wesentlich grüner. Auch sie ist unter dem Meeresspiegel mit Panarea verbunden.

---

[8] vgl. http://boris.vulcanoetna.it/PANAREA.html, 30.06.09
[9] vgl. http://boris.vulcanoetna.it/PANAREA.html, 30.06.09

2.2 Gegenwärtiger Vulkanismus auf und um Panarea

Die Entstehung Panareas war mit Ende der letztens Phase, der Endstufe, abgeschlossen. Vor 130.000 Jahren fand bis heute zum letzten Mal aktiver Vulkanismus auf der Insel statt. Doch der Vulkanismus in dieser Region ist nicht vollends verschwunden. Auch wenn man auf der Insel keine vulkanischen Aktivitäten mehr findet, so ist der Vulkanismus doch da. Unter der Meeresoberfläche nordnordöstliche nahe der Küste Panareas trifft man auf aktive Fumarolen, die Beweise für den Vulkanismus in diesem Gebiet sind. Eine Fumarole ist eine vulkanische Gas-Dampf Exhalation. In der Regel sind Fumarolen postvulkanische Erscheinungen, die auf einen abklingenden Vulkanismus hindeuten. Doch nicht immer bedeuten sie das Ende für den aktiven Vulkanismus in der betroffenen Region. Wenn ihre Temperatur zunimmt oder sich die Zusammensetzung des austretenden Gases drastisch ändert, kann dies ein Indiz für einen neuen Vulkanausbruch sein. So stiegen die Temperaturen der Fumarolen auf der Insel Vulcano, die seit über 100 Jahren ruhig ist, zwischen 1986 und 1993 von 300 °C auf über 700 °C an, was große Besorgnis auslöste. Erst nachdem die Temperaturen wieder sanken, konnte Entwarnung gegeben werden.

2.3 Terrassen als Belege für frühzeitlichen Vulkanismus

Wie bereits erwähnt, ist Panarea zwar die kleinste Insel des Archipels, aber auch die älteste. Wie alt der Vulkanismus im Gebiet dieser Insel ist, weiß man seit der Untersuchung der Meeresterrasse, die sich auf Panareas Südwestseite befindet.

> „Nur auf ihr sind Reste prä-tyrrhenischer Meeresterrassen nachgewiesen. Im Südteil der Insel ist die Abrasionsfläche des Piano Milazzese, in +45 – 60m Höhe mit bis zu metergroßen, gutgerundeten Brandungsgeröllen übersät. Auf Grund der Höhenlage handelt es sich um die Milazziano-Terrasse (Cromer Warmzeit). Diese Einstufung ist auch paläontologisch durch die Kaltwasserform Arctica Islandica belegt. Dieser „nordische Gast" gilt als ein Beleg für Prä- Tirreniano. [...] Absolute Altersdatierungen von Mollusken-Schalen der Milazziano-Fauna auf Panarea bestätigen das hohe Alter dieser Terrassen. (>341000 Jahre)."[10]

Es ist also davon auszugehen, dass sich bereits weit vor der Entstehung der Insel vulkanische Aktivitäten in diesem Gebiet befinden haben muss. „Aufgrund der hochgelegenen alten Meeresterrassen ist der Beginn des subaerischen Vulkanismus auf Panarea mit Sicherheit in die Prä-Cromerzeit zu stellen, das einem Alter von mindestens 700.000 Jahren entspricht."[11]

---

[10] Hans Pichler, S. 85 ff.
[11] vgl. Hans Pichler, S. 88.

Abb. 8: Meeresterrasse auf der SW-Seite Panareas

2.4 Aufschlüsse

Da Panarea durch vulkanische Aktivitäten entstanden ist, besteht die Insel aus Vulkaniten. Man unterscheidet vier Gruppen von Vulkaniten, die auf der Insel vorkommen. „Zu den ältesten Vulkaniten zählen die Vulkanite des Stratovulkans sowie die Staukuppen und zugehörigen Lavaströme der Contrada Palisi, der Punta Cardosi und der Punta Milazzese an."[12] Sie sind am Ältesten und durch ihre schnelle Abkühlung am wenigsten stark differenziert. Es sind Quarz-Latiandesite bis Dazite. Neben diesen Gesteinen entstanden „im Zuge der fraktionierten Kristallisations-Differentiation aus dem bereits fraktionierten „Stamm-Magma" die Dazite und Rhyodazite und Rhyolithe (des Basiluzzo)."[13]

Panarea besitzt viele Stellen, an denen man interessante Aufschlüsse sehen kann. Als Aufschlüsse bezeichnet man Gesteine, die nicht durch Boden oder Pflanzenbewuchs verhüllt sind, und somit unverhüllt zu Tage treten. An einem Aufschluss kann man je nach Gestein auch Klüfte und Schichtungen erkennen. Bei den dazitischen Laven im Ortsteil Ditella gibt es eine solche Stelle am Ditella-Felsen (Abb. 9) an der Ostküste der Insel. Erkennbar ist eine genau Fließfaltung in hoch-viskoser, kurzer dazitischer Staukuppenströmung. „An der Basis des Fließfalten-Horizonts fällt eine autobrecciierte Lage auf, die durch Zerscherung von schon erstarrten Teilen der Lava bei zähflüssigem Fließen entstanden ist."[14]

Abb. 9: Fließfaltung, Ditella-Felsen

Abb. 10: Säulenförmige Ausbildung von dacitischen extrusiven Vulkaniten (Südküste)

---

[12] vgl. Hans Pichler, S. 88.
[13] vgl. Hans Pichler, S. 88.
[14] Hans Pichler, S. 91.

An der Südküste Panareas findet man dagegen „eine Reihe NNE-SSW verlaufender Gänge, deren Streichen die tektonische Hauptrichtung der Insel nachzeichnet und lehrbuchhafte säulenförmige Absonderungen mit dazu senkrechtem, saigerem Fließgefüge aufzeigt."[15]

3. Kulturlandschaftliche Entwicklung

3.1 Siedlungsentwicklungen

Seit dem 5. Jahrtausend v. Chr. sind die liparischen Inseln bewohnt. Besonders auf Lipari wurde das Obsidianvorkommen zur Herstellung von dünnen, scharfen Klingen genutzt. Diese waren im Mittelmeerraum sehr begehrt, sodass es schnell zum regen Handel zwischen der Insel und Kreta bzw. Ägypten kam.

Die kleinste Insel der liparischen Inseln, Panarea, scheint seit dem 3. Jahrtausend v. Chr. bewohnt gewesen zu sein, denn auf dem höchsten Punkt, der Punta del Corvo, wurden Spuren gefunden, die eventuell auf die Kultstätte eines Gottes hinweisen.

Eindeutigere Funde bezeugen, dass auf Panarea bereits 1400 v. Chr. Menschen gelebt haben müssen, die Handel mit Sizilien betrieben. Noch heute pilgern viele Touristen zum Capo Milazzese, um sie die Reste einer Siedlungsanlage auf dem vorgelagerten Felsen anzuschauen. Zwischen 1400 und 1270 v. Chr. entstanden auf diesem Felsen ein Dorf mit 50 binsengedeckten Häusern, die, wie man vermutet, wohl für bis zu 200 Menschen als Unterschlupf dienten. Innerhalb und außerhalb dieser Hütten stößt man auf Spuren von Fußbodenpflasterung. Während die einzelnen Hütten ein rundes Fundament besitzen, befindet sich im Zentrum dieses Dorfes ein rechtwinkliges Fundament einer größeren Anlage, die wohl als Versammlungsraum gedient hat. Möglicherweise gehörte dieses größere Haus aber auch dem „Anführer" der Gemeinschaft. All dies deutet auf ein „wohlüberlegtes urbanes Konzept hin"[16]. Noch heute zeugen Überreste dieser Rundhütten von dieser Kultur, die schon lange vor unserer Existenz dort siedelten.

Abb. 11: Reste eines prähistorischen Dorfes auf dem Capo Milazzese.

Abb. 12: Capo Milazzese

---

[15] vgl. Hans Pichler, S. 97.
[16] Eva Gründel u. Heinz Tomek, S. 168.

„Mühlsteine und Mörser aus Stein, Kochgeschirr, Essteller oder Obstschalen auf hohem Fuß und erstmals signierte Vasen aus Keramik gewähren weitere Einblicke in das Alltagsleben dieser frühen Zivilisation, die sich ganz offensichtlich an der zur gleichen Zeit auf Sizilien herrschenden „Kultur von Thapsos" orientierte. Ebenso schlagartig wie zweieinhalb Jahrhunderte zuvor auf Capo Graziano (Filicudi) erlosch auch auf Panarea jedes Leben, wie auf Filicudi legen Brandspuren Zeugnis von der gewaltsamen und vollständigen Zerstörung des Dorfes ab, von dessen Lage sich die Bewohner letztlich vergebens Schutz vor Eindringlingen versprochen hatten."[17]

Doch es sind noch einige Grundrisse und Reste der Rundhütten zu sehen, wie Abb. 11 deutlich zeigt. Interessanterweise blieben diese Reste des prähistorischen Dorfes noch so gut erhalten zurück, obwohl es keine Angaben zu einer Gesellschaft gibt, die sich um diese Funde kümmern oder sie vor zu neugierigen Touristen schützt.

„Auch zur Zeit der Griechen und Römer war Panarea bewohnt. Unter den Griechen trug das Eiland den fröhlichen Namen „Euonymos", das „gute Vorzeichen" bedeutet. Römische Relikte fand man nicht nur auf der Hauptinsel: Ausgrabungen bewiesen, dass auf dem vorgelagerten Felsinselchen Basiluzzo damals ein ähnlicher Luxus geherrscht haben muss wie heute auf Panarea."[18]

Im Mittelalter war Panarea wegen häufiger Pirateneinfälle meist ziemlich leer. Noch eine ganze Weile nach der Wiederbesiedlung durch Bauern aus Lipari durften sich wegen der hohen Gefahr nur Männer dort aufhalten. Ab dem 17. Jahrhundert förderten Bischöfe die Kolonialisierung der liparischen Inseln und somit natürlich auch Panareas. Seit 1681 gilt die kleinste der liparischen Inseln als dauerhaft bewohnt. Zu Beginn des 20. Jahrhundert kam es jedoch zu einer großen Auswanderungswelle von den liparischen Inseln nach Amerika und Australien.

Heute zählt die Insel ca. 300 Inselbewohner, die sich auf die Orte Drauto, San Pietro, Ditella und Calcara (von S nach N) aufteilen, die fast nahtlos in einander übergehen. Alle Orte liegen auf der Ostseite der Insel, die flach und meist grün ist. Der Westen Panareas besteht aus teils unzugänglicher Steilküste. Die größte Siedlung ist San Pietro, die eine Kirche und einen Hafen besitzt, der von vielen Schiffen bzw. Booten aus Lipari, Salina oder Stromboli angefahren werden kann. Viele Tagestouristen kommen auf diese Weise auf die Insel.

---

[17] vgl. Eva Gründel u. Heinz Tomek, S. 168 f.
[18] http://www.michael-mueller-verlag.de/xtras/pdf/liparische_inseln_leseprobe_2.pdf, 02.07.09

Abgesehen von den Gebäuden, die die reichen Turiner und Mailänder auf der Insel erbaut haben, sieht der ursprüngliche Baustil Panareas wie folgt aus:

„Grundform fast aller Inselhäuser ist, beginnend beim einfachen Einzimmerhaus, der Kubus: Die Würfelform ist nicht nur besonders erdbebensicher, sondern bietet auch die Möglichkeit, bei Bedarf schnell weitere Wohn- oder Lagerräume anbauen zu können. Noch erleichtert wird dies dadurch, dass der Zugang zu jedem Raum von außen erfolgt, nämlich von der Terrasse aus, und nicht von innen– Korridore als Verbindungen zwischen den Räumen gibt es normalerweise nicht. Die Dächer sind flach und so konstruiert, dass das kostbare Regenwasser aufgefangen und in die Zisterne geleitet werden kann. Die Baumaterialien entsprechen den örtlichen Gegebenheiten. Vorherrschend ist Lavagestein, schweres Material für Fundamente und Grundmauern, leichteres für die Seitenwände. Holz ist auf den Inseln rar und wird deshalb nur sparsam verwendet, dient in erster Linie dazu, Decken abzustützen. Die Außenwände werden alljährlich im Frühjahr neu gekalkt: Weißer Kalk wirkt nicht nur desinfizierend, sondern reflektiert auch die Sonnenstrahlen, hält das Innere der Häuser deshalb kühl. Gelegentlich werden aus dekorativen Gründen steinerne Türstöcke, Schwellen und Fensterbretter von der Bemalung ausgenommen. Ein besonders reizvolles Merkmal der Inselarchitektur ist die den Wohnräumen vorgelagerte Terrasse."[19]

Abb. 13: Typisches Inselhaus

3.2 Tourismus ist Hauptwirtschaftszweig

„Vergleichbar mit anderen Mittelmeerinseln unterliegen also auch die Äolischen während der letzten 50 Jahre einer Transformation, die allmählich zum Abschluss kommt. Der Abwendung von einem auf Autarkie ausgerichteten Landbau und Fischfang folgt nach der Aus- und Abwanderungsphase nun ein verstärktes Wachstum im tertiären Sektor."

Betrachtet man lediglich die Einwohnerzahlen während der Sommermonate, so erkennt man schnell, dass auch Panarea vom Tourismus auf der Insel lebt. Im August zählt die kleine Insel mehr als 2000

---

[19] http://www.michael-mueller-verlag.de/xtras/pdf/liparische_inseln_leseprobe_2.pdf, 02.07.09

Einwohner, die vor allem aus reichen Turinern und Mailänder bestehen. Ein alter Fischer namens Pietro beschreibt die Situation auf Panarea wie folgt:

> *„Heutzutage ist ganz Panarea im Besitz von Mailändern und Turinern, die beim Errichten ihrer Häuser den äolischen Baustil imitieren. Uns blieb nur die Schönheit des Meeres und der Felsriffe, die Seele der Insel aber wurde für immer ausgelöscht. Zugegeben, die Reichen aus dem Norden bringen uns Arbeit und Geld, nicht nur im Sommer auch außerhalb der Saison. Dann pflegen wir ihre Landsitze und kümmern uns um ihre Gärten. Doch was haben wir für das bisschen Wohlstand aufgegeben! Den Großteil unserer Zeit sind wir in ein Geisterdorf aus leerstehenden Häusern und geschlossenen Läden verbannt, in das nur für einige Wochen des Jahres Leben einkehrt. Oder besser gesagt, was die Fremden darunter verstehen.“*[20]

Deutlich spürt man den Frust aus Pietros Stimme. Im Laufe dieser Ansiedlung von reichen Italienern ist Panarea zur mondänsten, aber auch teuersten Insel der liparischen Inseln geworden. Während der primäre und sekundäre Sektor auf der Insel, und generell auf den liparischen Inseln, nicht mehr vorherrscht, boomt der tertiäre Sektor. Das bringt auch den Einheimischen viel Geld. Doch mit Blick auf die Worte Pietros mussten sie einiges aufgeben und müssen besonders in den Sommermonaten einiges erdulden. Der Tourismus auf der Insel boomt, doch die Insel hat dadurch zwei ganz unterschiedliche Gesichter bekommen. Auf der einen Seite sind es die kurzen Monate des Sommers, in denen reges Leben auf der Insel herrscht und in denen die Einheimischen von dem dekadenten Lebensstil der Reichen belästigt werden. Auf der anderen Seite zeigen die meisten Monate im Jahr eine ruhige Insel, dessen Inselbewohner ein idyllisches Leben führen.

Doch nicht immer boomte der tertiäre Sektor so wie heute. Früher verdienten die Einheimischen ihr Geld mit dem Fischfang. Vor allem der Fang von Schwertfisch, Muscheln, Langusten und Sardinen trugen zum Wohl der Landsleute bei.
Landwirtschaft spielt heute im Gegensatz zum Tourismus nur noch eine untergeordnete Rolle auf Panarea. Dennoch produziert die kleinste der liparischen Inseln einen vorzüglichen Likör auf der Insel, der aus den Früchten weniger Zitronenbäume hergestellt und auch danach benannt wurde: „Limoncello“. Wie auf vielen Mittelmeerinseln wird auch auf Panarea eine kleine Menge Wein angebaut. So findet man zwischen den sich windenden Wanderwegen immer wieder Weinreben, die den Weg zieren. Auf Panarea werden ebenfalls Kakteen gezüchtet, dessen Anlagen man an den Wanderwegen am Meer findet. Auch Kapernsträucher gibt es in hohem Maße auf der Insel. Die Einnahmen aus solchen Landwirtschaftserträgen sind jedoch gering, da die Insel nicht vollständig

---

[20] Eva Gründel u. Heinz Tomek, S. 167.

bepflanzt werden kann. Hauptsächlich werden landwirtschaftliche Erzeugnisse auf der Ostseite der Insel angebaut, da die Westseite schwierig zugängig und von hartem Vulkangestein geprägt ist.

Abb. 14: Kakteenzucht auf Panarea

Wirtschaftlich gesehen sind die Besucherströme, die besonders in den Sommermonaten die Insel stürmen, positiv zu sehen. Es sind aber nicht nur reiche Turiner oder Mailänder, die dort ihren Sommersitz haben und die es während der warmen Monate auf die Insel zieht. Tagtäglich kommen mehrmals am Tag Ausflugsboote aus den benachbarten Inseln, Sizilien oder Italien an, dessen Tagestouristen die Insel für einen kurzen Zeitraum für sich einnehmen. Dann bevölkern sie die zwei beliebtesten Strände auf Panarea, Caletta dei Zimmari und Cala Junco. Die meisten besuchen das prähistorische Dorf auf dem Capo Milazzese, nur wenige wagen einen Rundgang über die teils felsige Insel. Einige Wenige besichtigen noch die Kirche von San Pietro, „um die Bodenmosaike zu bestaunen, mit denen junge Künstler 1992 im Rahmen eines internationalen Symposions ihr Talent unter Beweis stellten."[21] Nur wenige machen sich die Mühe die geologische Seite der Insel zu erforschen.

3.3 Ein Rundgang auf Panarea

Im Hinblick auf die bevorstehende Großexkursion habe ich mir einige Gedanken gemacht, was man auf Panarea besichtigen könnte. Zum Einen kann man die Insel kulturlandschaftlich besichtigen, zum anderen auch geologisch.

Ich habe mir eine Route ausgedacht, auf der man beide Aspekte der schönen Insel sehen kann.

---

[21] Eva Gründel und Heinz Tomek, S. 168.

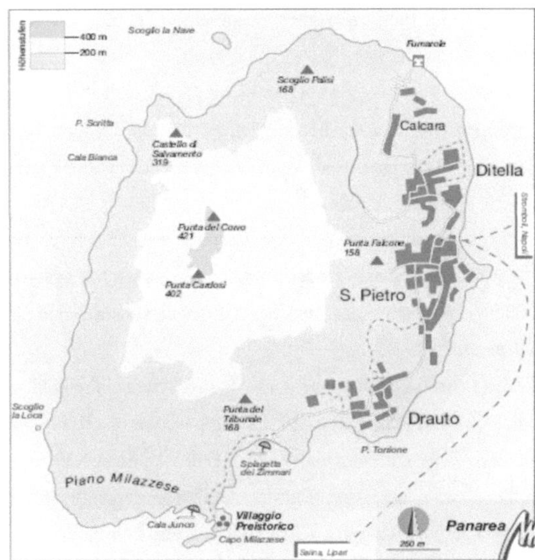

Abb. 15: Karte: Panarea

Fähren verkehren täglich mehrmals zwischen den liparischen Insel hin und her. Sie legen auf Panarea am Hafen von San Pietro an, der sich auf der Ostseite der Insel befindet. Der Ort ist zentral gelegen, sodass man als Tourist die Möglichkeit hat, entweder nach Süden oder nach Norden zu wandern. Mein Vorschlag einer Besichtigung der Insel wäre folgende Route: Zunächst kommen wir mit der Fähre am Hafen von San Pietro an. Dort können wir uns den Hafen, den Ort und vor allem das Kirchlein von San Pietro anschauen. Weiter geht's über die Ortschaft Drauto, „wo sich vor mehr als 400 Jahren der grausame Pirat Dragut von seinen Raubzügen erholte. Bis zum Ortende von Drauto säumen Mäuerchen den nahezu ebenen Weg zwischen bestellten Feldern und bescheidenen Weingärten."[22] Bis zum begehrten Strand von Caletta dei Zimmari, welcher sich südlich der Punta del Tribunale befindet, sind es dann nur noch wenige Gehminuten. Danach geht es weiter Richtung Süden entlang der Meeresküste zum wohl bekanntesten Teil der Insel, dem Capo Milazzese. Dort sollte man eine Zeit verweilen, um sich das prähistorische Dorf auf der vorgelagerten Insel mit all seinen Besonderheiten genauer zu betrachten. Über eine steile Treppe gelangt man zum wohl schönsten Strand der ganzen Insel. Sie befindet sich weiter südlich, direkt unterhalb des Capo Milazzese. Die Cala Juno, wie sie genannt wird, ist eingerahmten von bizarren Felsformationen. Sie gibt einen atemberaubenden Blick auf die Nachbarinseln Lipari und Salina frei. An der Südküste der Insel, an der wir uns zu diesem Zeitpunkt befinden, kann man bereits schöne geologische Erscheinungen betrachten. So gibt es einige schöne säulenförmige Ausbildung von dazitischen extrusiven Vulkaniten mit annähernd senkrecht

---

[22] Eva Gründel und Heinz Tomek, S. 168.

stehendem Fließgefüge (siehe Abb. 10), die wir im Rahmen unseres Geographiestudiums unbedingt gesehen haben sollen.

Nach einer Ruhepause geht es dann den gleichen Weg wieder nach San Pietro zurück. Eventuell kann man am Piano Milazzese einige Zeit verweilen und über die höher gelegene Region der Punta del Tribunale (168 m) zurückwandern. Diese Route würde eine reine Wanderzeit von eineinhalb bis zwei Stunden betragen.

Zurück in San Pietro biete sich die Möglichkeit zu einem Snack oder einem gemeinsamen Mittagessen beispielsweise am Hafen an. Allerdings sind die Gaststätten auf Panarea oft überteuert, sodass man die Preise vor der Bestellung unbedingt anschauen sollte.

Der zweite Teil der Route geht in den Norden Panareas. Dort hat man die Möglichkeiten einige schöne geologische Erscheinungen zu bewundern. Von San Pietro geht es nach Ditella, wo wir uns dazitische Laven mit ausgeprägtem Fließgefüge (siehe Abb. 9) und einer von W nach E überkippenden Faltung ansehen können. Weiter geht es über die kleinste Ortschaft, Calcara, und über Serpentinen zur Nordküste Panareas, an der wir nah der Küste aktive Fumarolen sehen könnten. Von dort können wir wieder den gleichen Weg zum Hafen von San Pietro zurückwandern und von mit der Fähre wieder abfahren. Dieser zweite Teil der Route wäre in einer reinen Wanderzeit von ca. ein bis eineinhalb Stunde zurückzulegen.

Da die Westseite Panarea aus teils unzugänglicher Steilküste besteht, ist es schwierig, aber nicht unmöglich diese zu erkunden.

Insgesamt wäre mit einer solchen Route Panareas Schönheit und Besonderheit leicht zu besichtigen und man hätte so die Möglichkeit sowohl den kulturlandschaftlichen als auch den geologischen Aspekt zu berücksichtigen.

4. Fazit

Nach genauester Betrachtung der kleinsten der liparischen Inseln, die gerade einmal 3,4 km² besitzt, kann man sagen, dass die Insel eine Tagestour dorthin wert ist. Auf der einen Seite bietet sie durch ihre schroffen Felsen und interessanten geologischen Formationen jedem Geologen einige Stunden des Erkundens. Auf der anderen Seite zeigt sie dem Tagestourist malerische Buchten, kleine schöne Ortschaften und ein überaus interessantes prähistorisches Monument.

Die Entstehung der Insel ist sehr interessant und noch heute kann man die Genese auf der Insel selbst nachvollziehen, wenn man sich die einzelnen Produkte der drei Entstehungsphasen betrachtet.

Wirtschaftlich ist der Tourismus die Haupterwerbsquelle, aber auch gleichzeitiges Problem der Einheimischen. Das der Tourismus die Insel prägt, hat sie nicht zuletzt ihrer besonderen Schönheit, ihres guten Klimas im Mittelmeerraum und die gute Verbindung zu den anderen liparischen Inseln zu verdanken.

Literaturverzeichnis

Gründel, Eva und Tomek, Heinz: Liparische Inseln. Lipari. Vulcano. Stromboli. DuMont. Köln 1993.

Richter, Michael und Lingenhöhl, Daniel: Landschaftentwicklung auf den äolischen Inseln. Betrachtung in verschiedenen Zeitskalen. In: Geographische Rundschau. Heft: 04/2002.

Pichler, Hans: Italientische Vulkangebiete V. Mte. Vúlture, Äolische Inseln II (Salina, Filicudi, Alicudi, Panarea), Mti. Iblei, Capo Pássero, Ústica, Pantelleria und Linosa. Gebrüder Borntraeger. Berlin- Stuttgart 1989.

http://boris.vulcanoetna.it/PANAREA.html

http://www.italien-inseln.de/messina/panarea.html

http://www.michael-mueller-verlag.de/xtras/pdf/liparische_inseln_leseprobe_2.pdf

Abbildungsverzeichnis

Abbildung 1: http://boris.vulcanoetna.it/PANAREA.html, 27.06.09
Abbildung 2: http://boris.vulcanoetna.it/PANAREA.html, 27.06.09
Abbildung 3: http://boris.vulcanoetna.it/PANAREA.html, 28.06.09
Abbildung 4: http://boris.vulcanoetna.it/PANAREA.html, 29.06.09
Abbildung 5: http://boris.vulcanoetna.it/PANAREA.html, 29.06.09
Abbildung 6: http://boris.vulcanoetna.it/PANAREA.html, 29.06.09
Abbildung 7: http://boris.vulcanoetna.it/PANAREA.html, 29.06.09
Abbildung 8: http://www.ifaraglioni.it/IMAGES/panarea3.jpg, 30.06.09
Abbildung 9: Hans Pichler, S. 91.
Abbildung 10: Hans Pichler, S. 97.
Abbildung 11: http://notiziariodelleeolie.myblog.it/media/01/02/622507955.JPG, 02.07.09
Abbildung 12: http://ekokayak.files.wordpress.com/2009/05/imgp3028panarea-punta-milazzese.jpg,
   03.07.09
Abbildung 13: http://notiziariodelleeolie.myblog.it/media/01/02/622507955.JPG, 03.07.09
Abbildung 14: http://www.urlaub-im-web.de/typo3temp/pics/PanareaKakteen-Web_1d47004b7d.jpg,
   04.07.09
Abbildung 15: http://www.michael-mueller-verlag.de/xtras/pdf/liparische_inseln_leseprobe_2.pdf,
   05.07.09